U0191753

（法）纳奥米·黛丝克莱布 著

曹雅歌 译

蒙台梭利科学启蒙书

宇宙的故事

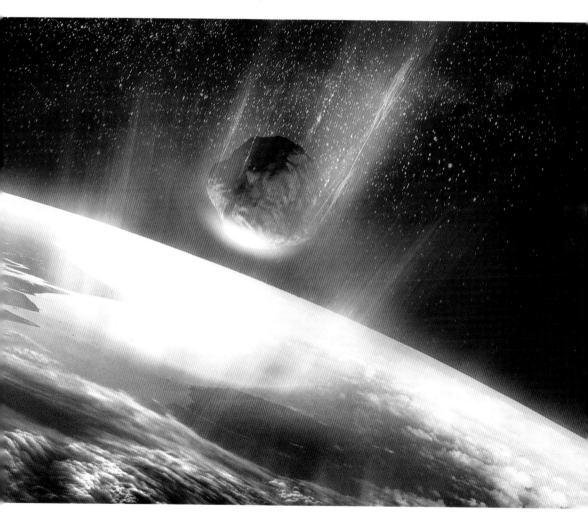

四川科学技术出版社

图书在版编目（CIP）数据

宇宙的故事 / (法)纳奥米·黛丝克莱布著；曹雅歌译. -- 成都：四川科学技术出版社，2020.1
（蒙台梭利科学启蒙书）
ISBN 978-7-5364-9600-2

Ⅰ. ①宇… Ⅱ. ①纳… ②曹… Ⅲ. ①宇宙－少儿读物 Ⅳ. ①P159-49

中国版本图书馆CIP数据核字（2019）第283923号

著作权合同登记图进字21-2019-572号

宇宙的故事
YUZHOU DE GUSHI

著　　者　(法)纳奥米·黛丝克莱布
出 品 人　钱丹凝
策划编辑　村 上　高 润
责任编辑　王双叶　牛小红
装帧设计　胡椒书衣
责任出版　欧晓春
出版发行　四川科学技术出版社
　　　　　成都市槐树街2号　邮政编码：610031
　　　　　官方微博：http://e.weibo.com/sckjcbs
　　　　　官方微信公众号：sckjcbs
　　　　　传真：028-87734039
成品尺寸　170mm×220mm
印　　张　4　字数　80千
印　　刷　唐山富达印务有限公司
版　　次　2020年4月第1版
印　　次　2020年4月第1次印刷
定　　价　150.00元
ISBN 978-7-5364-9600-2
邮购：四川省成都市槐树街2号　邮政编码：610031
电话：028-87734035
■ 版权所有　翻印必究 ■

玛丽亚·蒙台梭利认为，六岁以前的孩子的最大需求在于通过实践的、感官的、具体的活动来认知真实世界。这其中的关键，在于引导孩子将他们心中那个极为丰富的想象世界与他们需要一点点掌握规律的现实世界区分开来。

另外，从六岁开始，孩子具备了利用想象力将自身投射在较远的时间与空间中的能力：无论是群星，最初的人类，史前动物，还是宇宙的诞生……

也是在这个年龄段，孩子们开始提出那些最本质的疑问：世界是从哪里来的？人类是从哪里来的？为什么人类会在地球上？我为什么会在地球上？为这些存在找到答案，成为他们关注的核心。

鉴于此，我们决定通过一套五本原创连续读物将孩子们引入知识的世界，它们包括了对宇宙、对生命、对人类起源和文化起源的介绍，架构清晰且引人入胜。

通过这五本科学读物，您的孩子不仅能得到这些问题的答案，还将建立他在历史和自身角色认知方面的信心，并为他日后的知识学习和心理发展打下良好的基础。

玛丽亚·蒙台梭利教育方法的优势和独特性，在于将世界的起源以故事的形式娓娓道来，这些故事既有趣，又充满启发性和建设性。我们因此请您像讲故事一样大声读出这些故事，并且要告知孩子"这些故事都是真的"。为了让孩子更喜欢这些故事，您完全可以像读其他故事那样加重语气，用一种特别迷人或神秘的叙述腔调，尽可能丰富讲述的表演感（例如调暗灯光），带领孩子惊叹着进入这神奇的知识世界，让这些内容在他们心目中留下深刻印象。因此在您为孩子高声讲出这些故事以前，最好自己先读一遍，以熟悉其中的内容。

这套书并不能算作孩子科学学习的第一步，而更应该被视为他们对科学兴趣的初次唤醒。书中所涉及的互动游戏将不会影响您给孩子讲故事的进程，并且可以在孩子听完故事后一起实践。总之，这套书会在您孩子的书架上陪伴他很久，值得一读再读。

在这第一本科学启蒙书中，您的孩子将明白宇宙、星球、太阳系都是如何出现的，以及最初的地球现象，从火山和陨石雨到海洋的形成，直至生命的出现。

书中所涉及的信息就科学性而言都是正确的，从认知语境的角度出发，我们刻意避免了对细节的过分深入，以防孩子天然的好奇心被过剩的信息耗尽。

在阅读这本书的过程中，孩子们将会想更加深入地了解本书的主题，他们将学会尊重人类的过往、祖先、历史成就和天地间的伟大法则。一个了解了环绕在他周边世界的人，将不再会对世界怀有恐惧。

玛丽亚·蒙台梭利这位曾三次获得诺贝尔和平奖提名的女士一直深信，那些在孩童时期具有创造力、能够自由思考的人，长大成人后将会成为地球上善意的一员，令世界变得和平而美好。

贯穿本书，您将会发现这个符号 ，这是一些能够帮助您加深故事效果的互动内容，它将使书中的信息更为准确也更加易懂，有助于孩子们理解。

如果您希望与您的孩子完成互动内容，您需要提前进行准备，并将相关道具事先藏起来（例如藏在毯子下面），到互动环节再拿出来。

注意：大部分互动内容都很容易实现，但您依然需要全程在场以防任何可能的意外发生。

纳奥米·黛丝克莱布

我现在要给你讲的是一个令人难以置信的故事！

这个故事讲的是**宇宙和地球的形成**。

你会发现直到现在它们都充满神秘。

这个故事从很久很久以前就开始了……

在你出生之前很久很久，也在我出生之前很久很久。

大多数科学家认为，我们的**宇宙**起初只是

一颗极热又密度极大的小·球。

在距今约 **140亿年**前，不知为何，

忽然……

宇宙开始极速膨胀。这
就是"宇宙大爆炸"！

从那时开始，宇宙从未停止过膨胀。

 N°1

空间和时间诞生了。

在仅仅 **几秒钟** 之内，**粒子** 就形成了，也就是那些非常微小的物质颗粒，小到肉眼无法看见。它们包括 **质子、中子** 和 **电子**。

于是，光 出现了！

电子

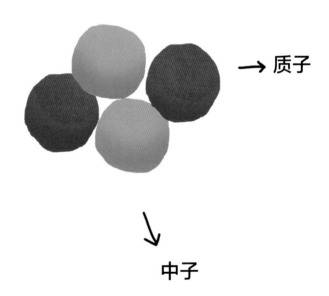

→ 质子

↓

中子

在**宇宙缓慢冷却**的过程中，质子、中子和电子像一块块拼图一样聚集在一起，形成了**原子**。

尘埃云不断聚集，在这些云的中心，物质逐渐在某些地方集中，并发热、发光。

就这样，**恒星** 诞生了。

15

很快，**数以十亿计** 的恒星照亮了宇宙。

渐渐地，这些充满了物质和恒星的巨大云团聚集在一起，形成了**星系**。科学家们认为宇宙中存在着上**万亿**个星系。

我们生活的星球——**地球**，在一个叫作"**银河系**"的星系当中。看银河系的样子：恒星都围绕着星系中心旋转，形成一个巨大无比的螺旋。

银河系只是广袤宇宙很小的一部分，但仅仅在银河系里就有 **数千亿颗恒星**。

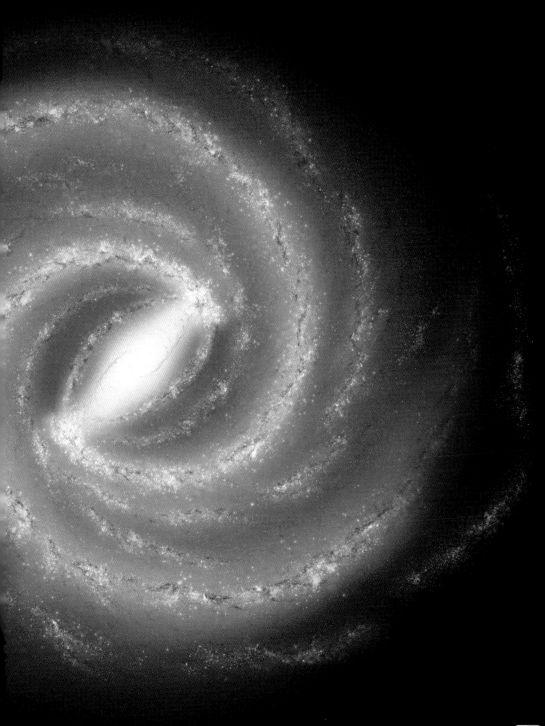

在距今约**46亿年前**，
一颗对我们而言非常重要的
新的恒星诞生了。

猜猜它是谁？

对，它就是 太阳！

以太阳为中心，其他较小的物质逐渐聚集成形，其中一些物质形成了八个大小不同的行星。

太阳和它的八颗行星等天体一起形成了我们的"太阳系"。

八颗行星围绕着太阳旋转，我们称它们**沿轨道运行**。

每颗行星的组成都不同，运
行的速度也都不同。

距离太阳最近的行星是**水星**，其次是**金星**、**地球**和**火星**。它们是质量较小的固体行星。

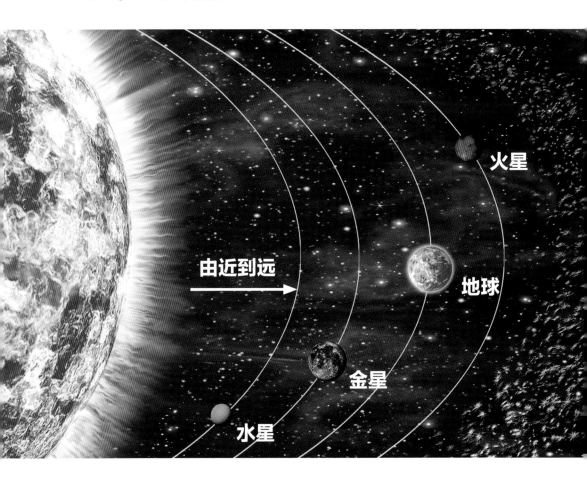

由近到远

火星

地球

金星

水星

说它们质量"较小"，是因为其后的 **木星**、**土星**是巨行星。

海王星

天王星

土星

木星

例如土星，它比地球要大 **约十倍**。这些巨行星比小行星的温度更低，因为它们距离太阳更远。它们被 **气体** 和 **冰** 包裹着。

 N°2

行星周围环绕着"卫星"。
巨行星拥有几十颗卫星，而地球只有
一颗卫星——月球。

你知道人类已经在月
球上行走过了吗？

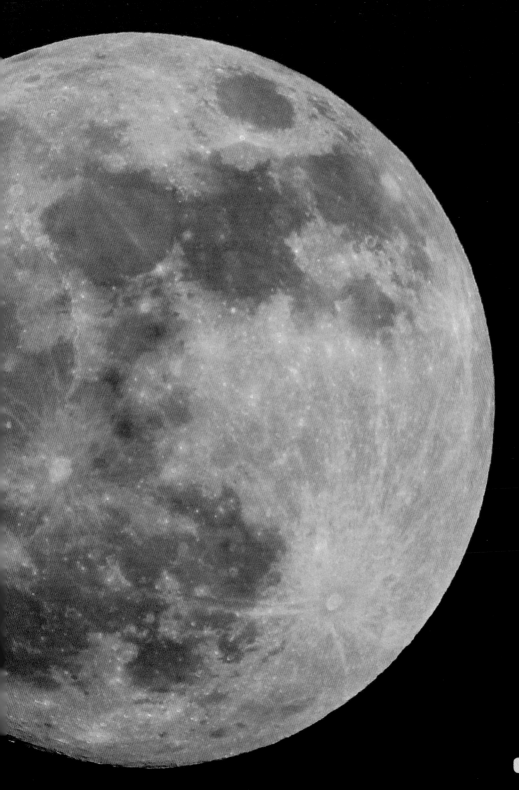

距离地球最近的恒星是太阳。它的光照耀着我们，它的温度温暖着我们。然而，这颗恒星其实距离我们很远。

如果我们开汽车去太阳，在时速100公里且一刻不停歇的前提下，也要用170年才能到达！

而光就快得多了。光从太阳到地球仅需要走约**8分钟**！

夜晚降临，也就是我们不再被阳光笼罩时，就能看到天空中的繁星。

这太美妙了，不是吗？

你能看到的所有星星都属于我们这个星系——**银河系**。我们的肉眼看不到更远的星星——那些位于银河系以外的星星。

　　地球不是最小的行星，也不是最大的。它不是距离太阳最近的行星，也不是最远的。但它是当今太阳系内**唯一一个适宜植物、动物**和**人类生存与生活的行星。**

在地球诞生之初，它的表面被沸腾的液态岩石——*熔岩*覆盖。

质量最大的物质逐渐沉入地心，质量略轻的物质下沉得没那么深，而最轻的物质则停留在靠近地表的位置。

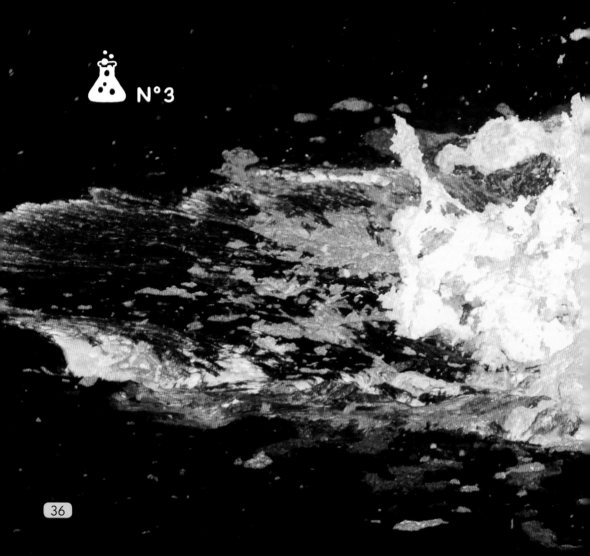 N°3

地球的表面开始逐渐**冷却**。

它一点点凝固，形成了一层薄薄的地壳。
这一过程用了数百万年！

巨大的液态熔岩流，也就是 **岩浆**，穿透地表向天空喷射！

在数百万年间，地球上遍布火山。

 N°4

火山喷发时释放了大量烟雾，这些烟雾围绕着
我们的星球形成了一层气体。

渐渐地，岩浆开始冷却，变成了坚实的**地面**。

在数百万年的时间里，地球不停地经受着来自宇宙的岩石、陨石和彗星的撞击。很可能是含有大量冰的彗星将 水 带到地球上来的。地球上同时存在着物质的三种状态：液体、固体和气体。水的存在令生命的诞生成为可能。

N°5

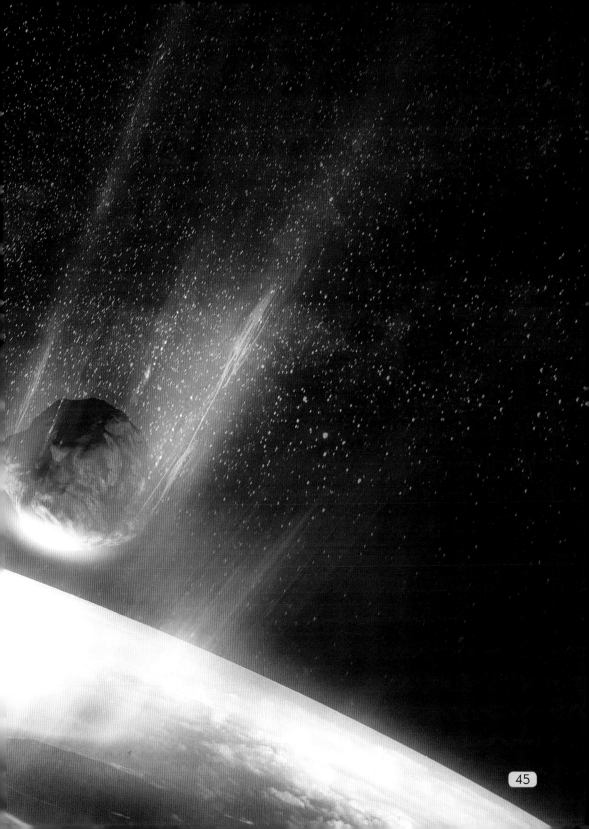

　　水受热到一定程度会变成水蒸气向上升腾，这种现象叫作**蒸发**。

　　由于此时期地表温度非常高，地球所捕获的水源源不断地化作蒸汽逃逸到**大气层**之中。

N°6

水蒸气在升入高空的时候遇冷凝结，形成很小的水滴，这就是最初的云。这一现象叫作凝固。小水滴在不断冷却中聚合变大变重，最终变成雨落回地面。

云层逐渐变得越来越厚，降雨也变得越来越频繁。

 N°7

但地球表面的温度还是太高，水始终无法以液体状态留在地表。每一次水落到地面，它们都会重新化为蒸汽，形成云朵，最后再变成雨。

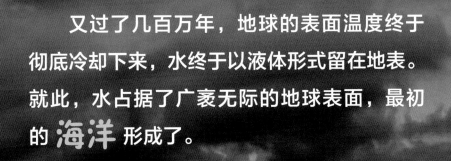

又过了几百万年，地球的表面温度终于彻底冷却下来，水终于以液体形式留在地表。就此，水占据了广袤无际的地球表面，最初的 海洋 形成了。

　　但这个时候，还没有任何生命、任何动物、任何植物、任何细胞在地球上存在。生命是如何出现的呢？

你将会在下一本科学启蒙书中找到答案……

互动游戏 1

（见第4~5页）

目的

用模型说明宇宙膨胀，展示宇宙膨胀时天体是如何彼此远离的。

材料准备

- 一个气球
- 一些小棉球
- 小绳子
- 尺子

互动游戏步骤

① 将小棉球粘在尚未充气的气球表面。

② 第一次向气球中稍稍吹气。

❸ 在小绳子的帮助下测出某两个棉球之间的距离，再用尺子量出绳子上的这段距离。

棉球彼此间的距离都变大了。

❹ 再次吹气球，这次尽量将它吹大。再用同样方法测量相同的两个棉球之间的距离，之后用尺子量出数值。

❺ 让您的孩子注意到所有棉球之间的距离都增大了。宇宙的膨胀也是如此，所有宇宙中天体彼此间的距离都在逐渐变远。

互动游戏 2

（见第26~27页）

目的

了解太阳和不同行星在体积上的区别。

材料准备

- 一个大红球
- 一个小珠子（大红球应比小珠子大100倍左右。您可以借助绳子测量二者周长，确保大红球的周长约为小珠子的100倍）
- 橡皮泥

互动游戏步骤

将大红球与小珠子并排放在地毯上，比较二者的体积差异。

延展

可以用橡皮泥制作其他行星与地球，让孩子对比它们与地球的大小。

互动游戏 3

（见第36～37页）

目的

了解液体具有不同的密度。密度最高的会沉在最下面，最轻的则会浮在最上面。

材料准备

- 三杯容量相同的液体：第一杯为蓝色水（以食用色素染色），第二杯为蜂蜜水或糖浆水，第三杯为油
- 一个带盖可密封的大玻璃罐子，容量可盛下三杯液体的总和

互动游戏步骤

1 将三杯液体逐一倒入玻璃罐中。

2 盖紧罐盖并晃动瓶身。

3 将罐子静置一段时间后观察三种液体的分层：一种沉底，一种位于中间，另一种位于表面。三种液体密度不同：最重的液体沉到最底，最轻的液体浮在最上面。

57

互动游戏 4

（见第40~41页）

目的

制作一个火山喷发模型。

材料准备

- 硬纸板/木板
- 黏土
- 洗碗液
- 一个空塑料瓶
- 红色食用色素、白醋
- 碳酸氢钠

互动游戏步骤

① 在硬纸板/木板上以空塑料瓶为中心，用黏土做成火山模型。

② 将白醋、红色食用色素、洗碗液和碳酸氢钠依次倒入塑料瓶中。

③ 粉红色的液体将会从瓶口涌出，模拟火山喷发的场景。为您的孩子解释，大自然中真实的岩浆其实是液态的岩石，而这个实验中的"熔岩"则是洗碗液、碳酸氢钠、白醋、红色食用色素。

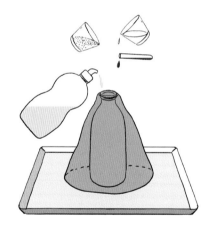

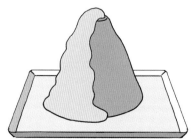

目的

解释物质的三种状态：液态、固态和气态。

材料准备

- 三个杯子（第一杯为冷水，第二杯为冰块，第三杯为少量热
  水。注意选择稍厚的杯子以免被烫到）

互动游戏步骤

1 向孩子展示这三个杯子。

2 令孩子明白三个杯子中的是同一种物质——水，只是它们所存在
的状态不同。

3 向孩子解释：低于一定温度，水会变成固态，也就是冰；对冰加
热就会令它融化成水；如果将水加热至沸腾，水就会化为水蒸气
升入空气中——这时候的水以气态存在。

延展

在下两个实验中，您的孩子能够更好地观察到水的气态。

互动游戏 6

（见第46～47页）

目的

展示蒸发过程。

材料准备

- 一个装水的烧水壶

互动游戏步骤

将水加热至沸腾，让您的孩子观察水蒸气的升腾。

互动游戏 7

（见第48～49页）

目的

展示凝结现象。

材料准备

- 一个装水的烧水壶
- 盘子
- 杯子

互动游戏步骤

1. 将烧开的水倒入杯中。
2. 在杯口处用盘子拦截杯中冒出的水蒸气。
3. 观察盘子上形成的水珠，它们在冷却后会再落回杯中。